Ayesha Arshad

Síntese bacteriana e aplicações de nanopartículas

Ayesha Arshad

Síntese bacteriana e aplicações de nanopartículas

ScienciaScripts

Imprint
Any brand names and product names mentioned in this book are subject to trademark, brand or patent protection and are trademarks or registered trademarks of their respective holders. The use of brand names, product names, common names, trade names, product descriptions etc. even without a particular marking in this work is in no way to be construed to mean that such names may be regarded as unrestricted in respect of trademark and brand protection legislation and could thus be used by anyone.

Cover image: Disponibilizado pelo autor

This book is a translation from the original published under ISBN 978-620-2-30817-5.

Publisher:
Sciencia Scripts
is a trademark of
Dodo Books Indian Ocean Ltd. and OmniScriptum S.R.L publishing group

120 High Road, East Finchley, London, N2 9ED, United Kingdom
Str. Armeneasca 28/1, office 1, Chisinau MD-2012, Republic of Moldova, Europe
Printed at: see last page
ISBN: 978-620-7-95843-6

Índice

SÍNTESE BACTERIANA E APLICAÇÕES DE NANOPARTÍCULAS

Enviado por

Ayesha Arshad

Licenciatura (Hons) em Microbiologia e Biotecnologia

INSTITUTO DE BIOLOGIA MOLECULAR E BIOTECNOLOGIA

A UNIVERSIDADE DE LAHORE

Ashu.arshadl 13@gmail.com

RESUMO

A síntese de nanopartículas é a verdadeira divisão na área da nanotecnologia e nanociência relevantes. Ultimamente, a fusão entre a nanotecnologia e a ciência criou o novo campo da nanobiotecnologia, que junta a utilização de elementos naturais, por exemplo, algas, organismos microscópicos, parasitas, infecções, leveduras e plantas em vários procedimentos biofísicos e bioquímicos. As formas de combinação natural têm uma perspetiva crítica para apoiar a geração de nanopartículas sem a utilização de produtos químicos brutais, nocivos e dispendiosos, normalmente utilizados como parte de formas físicas e de substâncias comuns. A combinação de nanopartículas (NPs) utilizando organismos microscópicos tem aumentado rapidamente, criando uma gama de investigação em nanotecnologia em todo o mundo. Os procedimentos de combinação de NPs resultam em formas requeridas e tamanhos controlados, rápidos e limpos. Atualmente, uma variedade de nanopartículas com organização sintética, tamanho e morfologia muito bem caracterizados foram combinadas através da utilização de microrganismos distintos, e as suas aplicações em numerosos campos mecânicos foram investigadas. As utilizações destas nanopartículas biossintetizadas numa vasta gama de zonas potenciais são exibidas, incluindo a focalização na passagem de fármacos direccionados, tratamento de malignidade e investigação de ADN, biossensores e imagiologia por ressonância magnética (MRI). O consumo de microrganismos para a síntese de nanopartículas é uma gama de exames genuinamente única, com amplas perspectivas de aperfeiçoamento.

INTRODUÇÃO

As nanopartículas têm suscitado um interesse específico numa grande variedade de domínios. As nanopartículas são caracterizadas como dispersões particuladas de partículas fortes com pelo menos uma medida de 10-1000 nm de tamanho. O principal elemento vital das NPs é a proporção entre a região da superfície e a perspetiva do volume, permitindo cooperar com diferentes partículas mais simples.

A nanociência e a nanotecnologia despertaram um interesse extraordinário nos últimos anos devido ao seu potencial efeito em várias áreas lógicas, **por exemplo,** força, direção, empresas comerciais farmacêuticas, hardware e empresas espaciais. Esta inovação gere pequenas estruturas e materiais pouco estimados de medidas no âmbito de um par de nanómetros a menos de 100 nanómetros. As NPs apresentam propriedades substanciais, físicas e orgânicas excepcionais e amplamente alteradas em comparação com a parte principal da mesma organização sintética, tendo em conta a sua elevada extensão superfície-volume. Além disso, estas partículas têm várias aplicações em diferentes domínios, por exemplo, imagiologia curativa, nanocompósitos, canais, transporte de medicamentos e hipertermia de tumores. Um domínio-chave do exame em nanociência discutiu a combinação de partículas da gama nanométrica de diversas formas, monodispersidade e tamanhos.

1. orfologia das nanopartículas

A singularidade morfológica das nanopartículas é: a planura e o rácio de aspeto.

1- NPs de elevado rácio de aspeto.

2- NPs com rácio de aspeto reduzido.

Tipos de nanomateriais

Os NM podem ser naturais, inorgânicos e compostos. Os nanomateriais naturais incorporam proteínas nanométricas, ácidos nucleicos e nanotubos de carbono, entre outros. Por outro lado, os nanomateriais inorgânicos incorporam NPs metálicas, misturas e materiais nano-organizados em massa (Sadjadi et al., 2011).

Estes nanomateriais metálicos são Ag (Devi et al., 2012), Au (Agnihotri et al., 2009), Pd (Windt et al., 2005) e Pt (Govender et al., 2010). Incorpora igualmente nanopartículas bimetálicas como Ag-Pt (Temgire et al., 2011), Ag-Au (Mahl et al., 2012), Pd-Au (Hosseinkhani et al., 2012), Ti [TiO2 (Bansal et al., 2005)], óxidos de Fe [$Fe_2O_3^-$] magnetite (Lovely et al., 1987), $Fe_3O_4^-$ magnetite (Mann et al., 1990; Mahdavi et al., 2013)], Zn [ZnO (Govender et al., 2010), Si [SiO2 (Bansal et al., 2005)] e, além disso, sulfuretos de vários metais [CdS (Sweeney et al., 2004), FeS (Mann et al., 1990), ZnS (Bai et al., 2006; Li et al., 2011)]. Diferentes Nanomateriais incorporam metais nanoorganizados em massa, pedras preciosas e pós de Te (Baesman et al., 2007), Ti (Prasad et al., 2007), Se (Zare et al., 2013), Al (Mukherjee et al., 2011), e metais móveis como Ni (Libor e Zhang, 2009), Co (Nam et al., 2006), Cu (Phong et al., 2011; Majumder, 2012), Cr (Sawrnkar et al., 2009), Zr (Bansal et al., 2004) e Pb (Pavani et al., 2012). Por outro lado, os materiais nano-compostos incluem pontos quânticos, nanotubos de carbono (Cai et al., 2003; Oberdorster, 2004), nano-conchas, nano-barras, nano-fios, nano-géis e nano-emulsões, etc. As nanopartículas podem ser classificadas por medições, por exemplo, grupos iota zero-dimensionais, NPs unidimensionais reguladas em várias camadas, NPs bidimensionais, tridimensionais, ultra-finas sobre camadas, (Hofmann, 2011).

Propriedades dos NMs

A nanoescala é única pelo facto de que nenhum forte pode ser preparado mais pequeno do que ela. É igualmente notável à luz do facto de que uma grande parte dos componentes da capacidade do mundo físico-sintético e natural em escalas de estimativa que vão de 0,1 a 100 nm. Em geral, a diminuição do tamanho das partículas aumenta sua proporção de superfície para volume, o que, dessa forma, expande sua reatividade.

À escala nanométrica, as partículas de vários componentes apresentam propriedades físicas, compostas e naturais surpreendentes (Buzea et al., 2007). Em contraste com os parceiros tradicionais de grão grosseiro, as NPs apresentam um ponto de amolecimento mais baixo, resistividade eléctrica, calor específico, difusividade, flexibilidade e qualidade mecânica, juntamente com alterações nas suas propriedades electromagnéticas e sinérgicas (Gleiter, 2000; Kvitek et al., 2005). Os investigadores estão a tentar decifrar estas propriedades relacionadas com as NPs em diferentes avanços.

Síntese de nanomateriais

A síntese de nanomateriais envolve métodos químicos, físicos e biológicos.
Os procedimentos biológicos estão ainda em fase de desenvolvimento (Liu *et al.*, 2011).

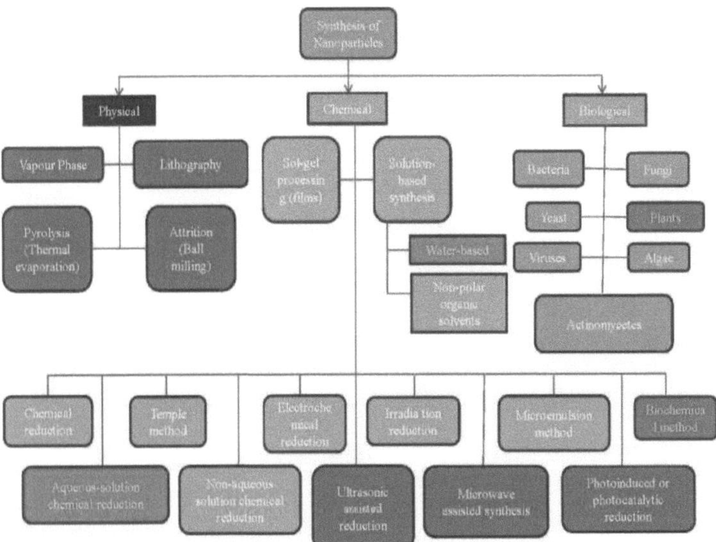

Figura.1: Diferentes métodos para a síntese de NPs (retirado de Liu *et al.*, 2011).

Síntese física e química de nanomateriais

Os métodos físicos para a mistura de nanomateriais incluem a trituração, a deposição física de vapor (PVD), o processamento de esferas, a litografia e a pirólise (Kruis et al., 2000). Entre estes, a trituração e a pirólise têm sido utilizados com maior regularidade (Raffi, 2007). No entanto, os sistemas de substâncias, incluindo a eletrólise, a pulverização catódica, a síntese sol-gel, a CVD (deposição química de vapor), a pulverização catódica e a acumulação de gás inativo têm sido mais comuns (Raffi, 2007). Estes tipos de técnicas são vantajosos, mas são perigosos e, além disso, exorbitantes (Li et al., 2011).

Síntese biológica de nanomateriais

As fontes biológicas incluem plantas e micróbios como leveduras, fungos, bactérias e actinomicetos. Verificou-se que as fontes biológicas actuam como redutores dos iões metálicos do solo. Este processo é bastante seguro em comparação com outros métodos físicos e químicos. Consome menos energia, mas os nanomateriais produzidos por estes métodos são muito reactivos (Li *et al.*, 2011). Esta proposta **"enzimática"** é extra viável pelo facto de a maioria dos microrganismos se desenvolverem em condições climáticas de temperatura e pH (Zhang *et al.*, 2011).

Quadro 1: Vantagens e desvantagens das diferentes técnicas.

Technique	Advantages	Disadvantages	Chemicals/ Microorganism used	References
Physical		Firm join, Baffled in data and effectiveness note being of NPs Deliver of the crystal expansion, synthesis of the particles		Mandal et al., 2006
Chemical	High monodispersity (5–15%)	Costly feeble-minded in figure and sortie consequently Claim of mortal chemicals Note e nvironmental eas y to deal with resolution of NP Manage of the crystal development, synthesis of the particles Low yield	Reducing agents, such as methoxypolyethylene glycol, sodium borohydride, potassiumbitartarate, hydrazine Stabilizing agents, such as polyvinyl pyrrolidone, sodium dodecylbenzyl sulfate.	Sastry et al., 2003; Mandal et al., 2006
Biological	Low monodispersity (~40–50%), Environmental friendly		Yeast, bacteria, fungi, algae, plants, viruses and Actinomycetes.	Sastry et al., 2003

A síntese de nanopartículas pode ocorrer tanto a nível intracelular como extracelular (Saifuddin et al. 2009).

A síntese intracelular de nanopartículas requer passos adicionais, por exemplo, tratamento por ultra-sons ou respostas com produtos de limpeza adequados para descarregar as nanopartículas combinadas (Babu et al. 2009; Kalimuthu et al. 2008).

Entretanto, a biossíntese extracelular é inferior e requer um tratamento mais simples a jusante. Por este motivo, numerosos estudos centraram-se em técnicas extracelulares para a mistura de nanopartículas (Duran et al. 2005).

Tabela .2: Microorganismos envolvidos na síntese de diferentes NPs.

Biological Entity	Microorganisms	Types of NPs synthesized	References
Bacteria 1–200 nm diameter	*Bacillus licheniformis;Bacillus subtilis; Bacillus stearothermophilus; Clostridium thermoaceticum; Desulfobacteriaceae; E. coli; Klebsiella aerogenes; Klebsiella pneumonia; Lactobacillus increase; Rhodopseudomonas capsulata; Magnetospirillum magnetotacticum; Desulfovibrio desulfuricans; Pseudomonas aeruginosa; Pseudomonas stutzeri AG259; Rhodopseudomonas palustris; Thermoanaerobacter ethanolicus (TOR-39)*	Ag, Au, CdS, pd, Fe_3O_4, ZnS	Southam and Beveridge, 1994; Holmes et al., 1995; Nair and pradeep, 2002; Sweeney et al., 2004; Konishi et al., 2004; Mandal et al., 2006; Mokhtari et al., 2009; Sinha et al., 2009; Thakkar et al., 2010

Porquê escolher as bactérias?

As nanopartículas estão constantemente a ser estudadas e desenvolvidas. São utilizados três métodos para sintetizar os nanomateriais. Os métodos físicos incluem a litografia, a pirólise, a pressão de vapor, etc., mas estes métodos são bastante dispendiosos. É importante que os métodos físicos e químicos tenham um baixo rendimento, consumam muita energia, sejam difíceis de ampliar, produzam frequentemente elevados níveis de resíduos perigosos e possam exigir a utilização de precursores dispendiosos. Além disso, um método químico inclui a redução por irradiação, o método de microemulsão e a redução eletroquímica, mas os métodos químicos são bastante perigosos. Esta síntese pode ainda levar à existência de algumas espécies químicas letais adsorvidas na superfície que podem ter efeitos desagradáveis em aplicações médicas.

Por conseguinte, é necessário desenvolver métodos de síntese baratos, limpos, não letais e respeitadores do ambiente. Por conseguinte, no último ano, os investigadores voltaram-se para os sistemas biológicos para se inspirarem na síntese de nanopartículas. Os microrganismos foram recentemente considerados como possíveis nanofábricas amigas do ambiente, apesar de terem muitas utilizações biotecnológicas, como a remediação de metais letais.

Confirmou-se que os procariontes ganham poderosamente como ação de síntese de nanopartículas. Devido à sua grande disponibilidade na atmosfera e à sua capacidade de se adaptarem à situação original de difusão, as bactérias são uma boa escolha para a investigação. As bactérias são, além disso, de maturação restante, económicas para crescer e fáceis de controlar. A difusão de amontoados como a oxigenação, o tempo de incubação e a temperatura podem ser facilmente manipulados. Descobriu-se que o pH irregular da operação de recolha por meio de incubação significa no jogo de nanopartículas de exibição incompatível e terno, predominante tal transferência é padrão, como morfologias incondicionais de NPs são necessárias para diferentes aplicações, tais como catalisadores, ótica ou antimicrobianos.

Síntese de NPs por Bactérias
As bactérias têm a capacidade notável de reduzir e sintetizar metais pesados e nanomateriais. Algumas espécies bacterianas desenvolveram a capacidade de recorrer a mecanismos de defesa específicos para controlar tensões como a toxicidade dos nanomateriais. A investigação tem prestado grande atenção aos procariotas como meio de síntese de nanopartículas.

Devido à sua abundância no meio envolvente e à sua capacidade de se adaptarem a condições extremas, as bactérias são uma boa opção para aprender. São também de crescimento rápido, baratas de desenvolver e fáceis de controlar. As condições de crescimento, como a temperatura, a oxigenação e o tempo de incubação, podem ser facilmente controladas.

Tabela .3: Bactérias envolvidas na síntese de diferentes nanopartículas.

Bacteria	Nanoparticle	Size	Morphology	Reference
Aeromonas sp. SH10	Silver	6.4		Rai et al., 2006
Bacillus Cereus	Silver	20–40	spherical	Sunkar et al.,2012
Bacillus megatherium D01	Gold	1.9 ± 0.8	Spherical	Wen et al.,2009
Bacillus subtilis	Silver	5–50	Triangular and spherical	Beveridge et al.,1980
Clostridium thermoaceticum	Cadmium sulfide		Amorphous	Saifuddin et al.,2009
Desulfobacteraceae	Zinc Sulfide	2–5	Spherical	Zhang et al.,2005
Desulfovibrio (*desulfuricans ,vulgaris, magneticus* strain RS-1*)*	Palladium, selenium, Gold, uranium, Chromium and magnetite	Up to 30	Crystalline	Kessi et al.,1999
Escherichia coli (DH5α, MC4100*)*	Silver, Gold	Less than 10-50	Spherical, triangular, hexagonal, and rod shape	Mahanty et al.,2013
Geobacillus sp.	Gold	5-50	Quasi-hexagonal	Correa et al.,2013
Klebsiella (*aerogenes, pneumonia*)	Cadmium sulfide. silver	(average size of 52.2)	Spherical	Shahverdi et al.,2007
Lactobacillus strains	Gold, Silver, Gold-silver alloys, titanium	100-300	Crystalline and cluster	Nair et al.,2002
Magnetospirillum Magnetotacticum	Magnetite		Cluster	Philipse et al.,2002
Nocardiopsis sp. MBRC-1	Silver	45	spherical	Manivasagan et al.,2013
Pseudomonas (*aeruginosa, fluorescens, putida* NCIM 2650, *stutzeri* AG259*)*	Gold, Silver, lanthanum	35–46 & up to 200	Crystalline silver, Hexagonal, equilateral triangle, and monoclinic silver	Haefeli et al.,1984
Rhodobacter sphaeroides	ZnS	Average diameter of 8	Spherical	He et al.,2007
Rhodopseudomonas (*capsulate, palustris*)	Gold, CdS	8.01 ± 0.25	Crystalline, FCC	Bai et al.,2009
Shewanella algae (strain BRY, *putrefaciens* (Gs-15) *)*	Gold, Magnetite	Various morphologies altered with pH		Konishi et al.,2007
Thermoanaerobacter ethanolicus TOR-39	Cobalt, chromium, Magnetite and nickel		octahedral	Rai et al.,2006

Tipos de síntese

A síntese é de dois tipos: intracelular e extracelular

Nanosíntese intracelular

Um grande número de espécies bacterianas foi investigado para a bionanossíntese intracelular de nanopartículas metálicas e não metálicas, sendo os pormenores apresentados a seguir;

Síntese intracelular de nanomateriais metálicos

A combinação de nanopartículas metálicas intracelulares foi considerada em diferentes microrganismos como bio-nanofábricas (Lengke et al., 2006). Em geral, a síntese bacteriana indicada tem sido uma parte muito importante nos biogeociclos. Esta capacidade ajudou-as a alterar diferentes misturas e metais básicos na natureza (Lowenstam, 1981; Southam e Saunders, 2005). A centralização profundamente letal de partículas metálicas é desintoxicada por organismos microscópicos através da redução ou oxidação, precipitação ou complexação, transporte ou estruturas de efluxo e assim por diante (Mergeay et al., 2003). Estas propriedades tornaram-nos potenciais especialistas em bioremediação em situações de solo e oceânicas. Deste ponto de vista, o papel dos organismos microscópicos na biogénese das nanopartículas foi adicionalmente explicado nas últimas décadas. Deste modo, a síntese de nanopartículas metálicas intracelulares, incluindo ouro, prata, liga ouro-prata, platina, paládio e urânio, foi investigada em algumas estirpes bacterianas.

Nanopartículas de ouro

A bactéria Bacillus subtilis 168 incentivou a formação de partículas de ouro ($Au+^3$) em nanopartículas de Au^0 com morfologia octaédrica, o que foi registado nos seus divisores celulares (Beveridge e Murray, 1980; Southam e Beveridge, 1994). Outra bactéria, *a Geobacter ferrireducens,* diminuiu as partículas de Au no espaço periplasmático para fornecer AuNPs (Kashefi et al., 2001). *A alga Shewanella* também diminuiu as partículas de $Au+^3$ para AuNPs naturais a 25°C no espaço periplasmático e na sua superfície celular. Em várias condições de pH, foram observados diferentes tamanhos de NPs (Konishi et al., 2007). Uma *cianobactéria, Plectonema boryanum* UTEX485, sintetizou AuNPs entre 25 e 200°C com a ajuda de algumas proteínas da camada externa, lipopolissacarídeos e fosfolípidos. Esta mistura tem sido associada a sistemas de desintoxicação indicados em organismos microscópicos (Lengke et al., 2006). Morfologicamente, as AuNPs redondas, triangulares ou hexagonais têm sido bio-diminuídas de escrita sobre a superfície celular em *E. coli* DH5a com morfologias (Du et al., 2007). Além disso, esta síntese foi associada a proteínas subordinadas ao NADPH e a carotenóides relacionados com a camada plasmática em *Rhodobacter capsulatus* que intervêm na biossíntese de AuNPs (Feng et al., 2007).

Nanopartículas de prata

De um modo geral, a síntese de AgNPs tem sido associada a superfícies de células bacterianas. Se houvesse uma ocorrência de *Pseudomonas stutzeri* AG259, os cristais de acantite de sulfureto de prata (Ag_2S) estavam situados no espaço periplásmico com morfologias monoclínicas, triangulares, equilaterais e hexagonais (Joerger et al., 2000; Klaus et al., 1999). Foi ligado a superfícies celulares que foram inicialmente ligadas à biossorção e depois à diminuição de partículas Ag+ para enquadrar AgNPs em *Lactobacillus sp.* A09 a 30°C (Fu et al., 2000). Para o arranjo de AgNPs, acredita-se que os destinos de nucleação sejam dados por proteínas que restringem a prata, que fornecem porções corrosivas de amino. As pedras preciosas de prata com morfologia cúbica focada na face foram aceleradas por AG3 e AG4 (peptídeos encorajadores de prata). *Bacillus sp.* integrou adicionalmente AgNPs no seu espaço periplasmático (Pugazhenthiran et al., 2009). Esta agregação ou precipitação de Ag na divisão celular à temperatura de 60 °C foi igualmente considerada como um procedimento de desintoxicação incentivado por proteínas periplasmáticas (Zhang et al., 2005).

Outros metais

A biogénese de prata, ouro e compósitos ouro-prata foi examinada utilizando *B. subtilis* (Beveridge e Murray, 1980), *P. stutzeri* (Joerger et al., 2000; Klaus et al., 1999), *Lactobacillus sp.* (Nair e Pradeep, 2002), *Corynebacterium sp.* (Zhang et al, 2005), organismos microscópicos que reduzem o sulfato (Lengke e Southam, 2006), *P.boryanum* (Lengke et al., 2006a; Lengke et al., 2006b), *E.coli* (Du et al., 2007), *R.capsulatus* (Feng et al., 2007) e *Bacillus sp.* (Pugazhenthiran et al., 2009) com morfologias circulares, hexagonais e cúbicas. A síntese bacteriana intracelular de NPs de platina (Pt) foi observada em *S. algae* no seu espaço periplasmático entre filmes internos e externos. As NPs de paládio (Pd) foram sintetizadas intracelularmente por *Desulfovirio desulfuricans* NCIMB 8307, que diminuiu os nanocristais de Pd na sua superfície celular com a ajuda de formiato (contribuinte de electrões) (Yong et al., 2002). Num estudo comparativo, descobriu-se que *S. oneidensis* MR-1 enquadrava nanocristais de Pd no espaço periplasmático e, além disso, no divisor celular (Windt et al., 2005). Observou-se que os nanocristais de urânio como urato (UO_2) eram estimulados por *Desulfosporosinus sp.* na sua superfície celular, o que pode ser útil para minimizar a contaminação de radionuclídeos solventes em solos e resíduos, alterando a estrutura dissolvível para insolúvel (Suzuki et al., 2002).

Nanomateriais magnéticos

Observou-se que a biossíntese bacteriana intracelular de nanocristais atractivos de nanopartículas de magnetite (Fe_3O_4) foi demonstrada por diferentes organismos microscópicos, incluindo *Aquaspirillum magnetotacticum* (Mann et al., 1984),

Magnetospirullum magnetotacticum (Philipse e Mass, 2002), *M. magnetotacticum* MS-1 (Lee et al, 2004), *M.gryphiswaldense* (Lang e Schuler, 2006), *Candidatus Magnetoglobus multicellularis* (Perantoni et al., 2009), *Magnetotactic bacterium* MV-1 (Bazylinski et al., 1988), Organismos microscópicos que diminuem o teor de sulfato (Watsona et al., 1999). As NPs de magnetite biomineralizadas são geralmente sintetizadas por microrganismos magnetotácticos que possuem estruturas específicas denominadas magnetossomas nos seus telefones. Estes organismos microscópicos magnetotácticos vivem em sedimentos marinhos e de águas novas e libertam intracelularmente magnetite ligada a camadas (Blakemore et al., 1979), pirrotite (Farina et al., 1990), sulfureto de ferro ferromagnético, greigite (FesS4) (Bazylinski et al., 1993) e, em determinado momento, minerais não atractivos (por exemplo, pirite de ferro) sob a forma de cadeias (Mann et al., 1990). As NPs atractivas são isoladas do arranjo através da utilização de separadores atractivos de alto ângulo. Os magnetossomas criam nanocristais atractivos cristalinos e não cristalinos de morfologias predominantes, incluindo octaédricas, cadeias simples ou diferentes extremamente solicitadas, forma cubo-octaédrica facetada imprevisível, paralelepípedos, formas cristalinas octaédricas ou hexagonais, amarradas e recolhidas nas camadas de fosfolípidos dos micróbios.

Nanomateriais de sulfureto

Os nanocristais semicondutores de sulfureto de cádmio (CdS) foram incorporados intracelularmente por diferentes microrganismos, incluindo *Klebsiella pneumonia* (Smith et al., 1998), *Clostridium thermoaceticum* (Cunningham e Lundie, 1993) e *E. coli* (Sweeney et al., 2004). Verificou-se que os nanocristais de CdS eram acelerados pela atividade da *cisteína dessulfidrase*, que provocava a dessulfidratação da cisteína quer na superfície das células quer no meio. Estas nanopartículas semicondutoras de CdS bio-intercedidas apresentaram propriedades ópticas e fotoactivas e indicaram formas redondas e circulares. Noutro estudo, as NPs redondas de ZnS foram naturalmente orquestradas por organismos que têm um lugar com *Desulfobacteriaceae* (Labrenz et al., 2000).

Nanomateriais não metálicos

A bionanossíntese de não metais como o selénio foi igualmente examinada. Diferentes organismos microscópicos, incluindo *Stenotrophomonas maltophilia* SELTE02 (Gregorio et al., 2005), *Enterobacter cloacea* SLD1a-1 (Losi e Frankenberger, 1997), *Rhodospirullum rubrum* (Kessi et al., 1999), *Desulfovibrio desulfuricans* (Tomei et al,

1995), *E. coli* (Gerrard et al., 1974; Silverberg et al., 1976), *P. stutzeri* (Lortie et al., 1992), *Tetrathiobacter kashmirensis* (Hunter e Manter, 2008), *P. aeruginosa* SNT1 (Yadav et al, 2008) armazenam NPs de selénio após a redução biológica do selenito a selénio essencial no citoplasma celular, no espaço periplasmático e no extracelular, com várias formas, como granular, circular, fibrilar ou total.

Tabela.4: Síntese intracelular de nanopartículas por bactérias.

Organism	Metal / Non-metal	Size (nm)	Location of synthesis	Shapes	References
Idiomarina spp. PR58-8	Ag	26	Intracellular		Seshadri *et al.*, 2012
Pseudomonas spp.	Ag	156-265	Intracellular		Thomas *et al.*, 2012
Bacillus subtilis 168	Au	5–25	Intracellular	Octahedral	Beveridge and Murray, 1980
Shewanella algae	Au	10-20	Intracellular		Lengke *et al.*, 2006a
Plectonema boryanum UTEX485	Au	10	Intracellular	Cubic	Lengke *et al.*, 2006b
Escherichia coli DH5α	Au		Intracellular	Spherical	Du *et al.*, 2000
P. stutzeri AG259	Ag, Ag$_2$S	200	Intracellular		Joerger *et al.*, 2000
Corynebacterium spp. SH09	Ag	10-15	Intracellular		Zhang *et al.*, 2005
Bacillus spp.	Ag	5-15	Intracellular		Pugazhenthiran *et al.*, 2009
Lactobacillus spp.	Au, Ag, Au–Ag	20-50	Intracellular	Hexagonal	Nair B, Pradeep, 2002
P. aeruginosa SNT1	Se		Intracellular	Spherical	Yadav *et al.*, 2008
Desulfovibrio desulfuricans	Pd	50	Intracellular		Yong *et al.*, 2002
S. oneidensis MR–1	Pd		Intracellular		De Windt *et al.*, 2005
Aquaspirillum Magnetotacticum	Fe$_3$O$_4$	40-50	Intracellular	Octahedral	Mann *et al.*, 1984
Magnetotactic bacterium MV-1	Fe$_3$O$_4$	40×40×60	Intracellular	Parallelepiped	Bazylinski *et al.*, 1988
M. gryphiswaldense	Magnetite	35-120	Intracellular	Cubo-octahedral hexagonal	Lang C, Schuler, 2006

2. Nanosíntese extracelular

Várias bactérias foram estudadas quanto ao seu potencial de bionanossíntese extracelular.

Síntese extracelular de nanomateriais metálicos

Nanopartículas de ouro

A biorredução de Au+3 em AuNPs metálicas foi observada por *Rhodopseudomonas capsulata* à temperatura ambiente (He et al., 2007). As partículas foram obtidas com morfologia redonda e triangular. A disposição de vários tamanhos e estados destas NPs foi descoberta através da divisão do pH da mistura de resposta.

Além disso, a proximidade de proteínas de diminuição e de topo de tamanho 14-98 kDa foi confirmada através de investigação SDS-PAGE. A archea e as bactérias desbastadoras de ferro (Fe^{+3}), por exemplo, *Pyrobalaculum islandicum, S. algae, G. sulfurreducens, Thermotoga maritim* e *Pyrococcus enraged,* intercederam na precipitação de ouro de estrutura iónica para estrutura metálica sob a ação do hidrogénio (Kashefi et al., 2001). As redutases de Au+3 próximas das superfícies celulares provocaram esta precipitação. A síntese intercedida de AuNPs por *P. aeruginosa* (ATCC 90271, estirpe 1 e estirpe 2) foi descoberta por (Husseiny et al. 2007). Devido ao som plasmónico de superfície das NPs maiores, a tonalidade do meio mudou de rosa para azul.

B. megatherium D01 em estrutura seca sintetizou AuNPs esféricas a 26 °C, reduzindo os sais de ouro utilizando dodecanotiol como especialista de cobertura para equilibrar as NPs, além de ajustar o tamanho, a forma e a monodispersão das NPs (Wen et al., 2009). Observou-se que as morfologias das AuNPs fabricadas por *P. aeruginosa, R. capsulata* e *B. megatherium* D01 eram nanofios triangulares e redondos que se ajustavam como um violino, com um tamanho de 1,9-400 nm.

Nanopartículas de prata

As células secas de *Aeromonas sp.* SH10 foram utilizadas para produzir AgNPs monodispersas com tamanho e segurança uniformes (Mouxing et al., 2006). Uma combinação rápida de AgNPs foi observada pela biorredução de partículas de prata (Ag^+) a Ag metálica^0 pela atividade de sobrenadantes de sociedade de *E. coli, Enterobacter cloacae* e *K. pneumonia* (Shahverdi et al., 2007). A biorredução foi impedida quando a piperitona foi adicionada à mistura de resposta, o que afirmou a proximidade da nitro-reductase. A amálgama extracelular de AgNPs foi adicionalmente observada por *B. licheniformis* (Kalishwaralal et al., 2008).

A biogénese de AgNPs foi adicionalmente exibida em camadas de celulose de *Acetobacter xylinum* quando as sociedades bacterianas foram apresentadas ao arranjo contendo partículas de Ag+ e tri-etanol-amina (Ag+-TAE) (Barud et al., 2008). A mistura extracelular de AgNPs com morfologia redonda foi observada por micróbios, por exemplo, *E. cloacae, Aeromonas sp.* SH10, *E. coli, A. xylinum, B. licheniformis, Morganella sp.* e *K. pneumonia* (Parikh et al., 2008).

Outras nanopartículas

As nanopartículas de platina foram contabilizadas extracelularmente pela atividade de diferentes organismos microscópicos, por exemplo, *P. boryanum* UTEX 485 e *Cyanobacterium* com diferentes morfologias contendo cadeias dendríticas, circulares e semelhantes a dab (Lengke et al., 2006). *P. boryanum* UTEX 485 integrou PtNPs entre 25 e 100 °C. NPs de titânio moldadas de forma arredondada como totais foram combinadas extracelularmente por filtrado de sociedade de *Lactobacillus sp.* (Prasad et al., 2007).

Os concentrados acelulares de *Micrococcus lactilyticus* aceleraram as NPs de urânio diminuindo o U^{6+} dissolvível para U^{4+} insolúvel (Woolfolk e Whiteley, 1962). *Alteromonas putrefaciens* criou NPs de urânio que responderam com hidrogénio (doador de electrões) e U^{6+} (aceitador de electrões) (Myers e Nealson, 1988; Lovley et al., 1989).

As NPs de urânio foram libertadas pelo *G.metallireducens* GS-15 quando, em condições anaeróbias, a derivação do ácido acético (benfeitor de electrões) e o U^{6+} (aceitador de electrões) fizeram a biorredução das partículas de urânio (Lovley et al., 1991). Devido à proximidade de MtrC (citocromo c-sort) na camada externa de *S. oneidensis* MR-1, este efectuou a biorredução de partículas de urânio com UO2-EPS (substância polimérica) extracelularmente e, além disso, no periplasma (Marshall et al., 2006).

Nanomateriais magnéticos

A biossíntese extracelular de NPs de magnetite foi efectuada por alguns microrganismos não-magnetotácticos. *A Geobacter metallireducens* GS-15, uma bactéria não-magnetotáctica desligada da base do curso de água, criou NPs de magnetite ultrafinas diminuindo o óxido férrico (Lovley et al., 1987). Neste processo, as partículas férricas (aceitadores de electrões) reagiram com a matéria natural (benfeitores de electrões).

As nanopartículas de magnetite com morfologia octaédrica foram incorporadas extracelularmente a 25°C por outra estirpe bacteriana designada por TOR-39 (Zhang et al., 1998). Observou-se que os organismos microscópicos funcionam como biocatalisadores para a precipitação de NPs de magnetite. Os organismos microscópicos de redução férrica, TOR-39, e *Thermoanaerobacter ethanolicus* intervieram na resposta eletroquímica que integrou nanocristais atractivos substituídos por metais móveis octaédricos (Ni, Cr, Co) (Roh et al., 2001).

A criação de nanocristais de magnetite semi-redondos foi demonstrada por (Bharde et al. 2005) utilizando *Actinobacter sp.* (bactéria não-magnetotáctica). As NPs de magnetite com morfologias semi-redondas e octaédricas foram incorporadas extracelularmente por TOR-39, *G. metallireducens* e *Actinobacter sp.* (Bharde et al., 2005). Nanopartículas ferromagnéticas cúbicas de $Co_3 O_4$ moldadas em espinélio e monocristalinas foram sintetizadas por *Brevibacterium casei* (Kumar et al., 2008), que é uma bactéria tolerante a metais, utilizando como antecedente a derivação aquosa de ácido acético de cobalto.

Nanomateriais de sulfureto

A Klebsiella aerogenes foi criada para criar nanocristais de CdS de forma circular ligados ao divisor celular após a redução de Cd^{2+} em meio social (Holmes et al., 1995).

Uma bactéria fotossintética *Rhodopseudomonas palustris*, como demonstrado por (Bai et al. 2009), criou nanocristais extracelulares de CdS com morfologia redonda. A criação de nanocristais de CdS foi pensada para ser intercedida pela atividade da *cisteína dessulfidrase*. Se houvesse uma ocorrência de *Gluconoacetobacter xylinus,* após a precipitação, observou-se que as nanopartículas de CdS eram armazenadas em nanofibras de celulose bacteriana (Li et al., 2009). *R. palustris* (Lovley et al., 1991), *K. aerogenes* (Holmes et al., 1995), *R sphaeroides* e *G. xylinus* (Li et al., 2009) integraram NPs semicondutoras com forma circular.

Rhodobactersphaeroides (Bai et al., 2006), em estrutura imobilizada, criou nanopartículas de sulfureto de zinco (ZnS) e sulfureto de chumbo (PbS) semicondutoras circulares e monodispersas extracelularmente.

Nanomateriais não metálicos

O selénio tem propriedades semicondutoras e foto-ópticas, com aplicações em circuitos microelectrónicos e aparelhos como scanners. Nanoesferas uniformes e estáveis de selénio foram sintetizadas extracelularmente por dois micróbios, incluindo *B.selenitireducens*, *Selenihalanaerobacter shriftii* e *Sulfurospirillum barnesii*, alterando o selénio essencial (Se^0) para uma estrutura cristalina monoclínica com uma coleção única e complexa de partículas de selénio nanométricas através do procedimento de biorredução (Oremland et al., 2004). Redução de telureto a telúrio natural por *S. barnesii* e

B.selenireducens produziu as NPs semicondutoras de telúrio sintetizadas. Se houvesse uma ocorrência de *S. barnesii,* eram produzidas pequenas nanoesferas cristalinas esporádicas (Baesman et al., 2007).

Tabela.5: Síntese extracelular de nanopartículas.

Organisms	NPs	Synthesis location	Method	References
Thermomonospora sp.	Au	Extracellular	Reduction	Kasthuri et al., 2008
Escherichia coli	Pd, Pt	Extracellular	Reduction	Park et al., 2011
Rhodopseudomonas capsulata	Au	Extracellular	Reduction	He et al., 2007
Pseudomonas aeruginosa	Au	Extracellular	Reduction	Narayanan et al., 2010
Delftia acidovorans	Au	Extracellular	Reduction	Johnston et al., 2013
Shewanella sp.	AsS	Extracellular	Reduction	Raveendran et al., 2003
Desulfovibrio desulfuricans	Pd	Extracellular	Reduction	Cai et al., 2009
Bacillus sphaericus JG-A12	U, Cu, Pb, Al, Cd	Extracellular	Reduction and Biosorption	Das et al.,2014
Klebsiella pneumonia	Ag	Extracellular	Reduction	Kalimuthu et al., 2008
Escherichia coli	Ag	Extracellular	Reduction	Kalimuthu et al., 2008
Enterobacter cloacae	Ag	Extracellular	Reduction	Kalimuthu et al., 2008
Lactobacillus sp.	Ag	Extracellular	Reduction and Biosorption	Shahverdi et al., 2007
Enterococcus faecium	Ag	Extracellular	Reduction and Biosorption	Shahverdi et al., 2007
Lactococcus garvieae	Ag	Extracellular	Reduction and Biosorption	Shahverdi et al., 2007

Métodos experimentais:
Síntese de NPs de prata por *Bacillus sp.*

A amostra foi recolhida na área mais contaminada da casa de banho comum do campus universitário. O organismo isolado foi mantido em meio de ágar nutriente. O organismo foi cultivado em 1 litro de meio contendo 1,0 gm de extrato de carne de vaca, 2,0 gm de extrato de levedura, 5gm de cloreto de sódio, 5gm de peptona, 15gm de ágar. Em seguida, incubar a 35°C. Os isolados foram caracterizados morfológica e microbiologicamente como *Bacillus* sp.

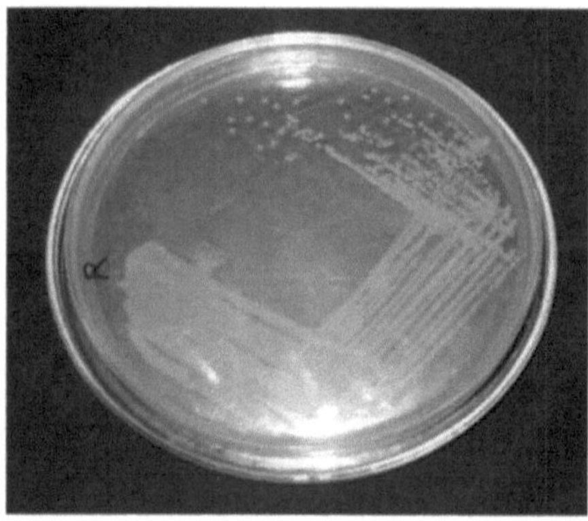

Figura. 2: *Bacillus sp.* em
ágar nutriente
contendo placa.

Para a síntese de nanopartículas de prata, foi utilizada a biomassa optimizada e sem estirpe optimizada de *Bacillus* sp. Foi inoculada uma cultura de *Bacillus* sp. em caldo nutritivo. Em seguida, o caldo foi colocado no agitador orbital durante 24 horas para o crescimento da cultura. Em seguida, pesou-se 1 mM de cristais de nitrato de prata e adicionou-se 100 ml de cultura incubada durante 24 horas, mantendo-a num agitador a 200 rpm por minuto. O espetro UV-visível da solução foi registado no espetrofotómetro Perkin - Elmer. O comprimento de onda das partículas varia entre 300 e 700 nm. A forma e o tamanho das partículas foram determinados por microscópio eletrónico de varrimento (SEM), que foi realizado focando as nanopartículas.

Identificação visual
Quando a biomassa bacteriana é misturada com solução de nitrato de prata (pH 7,5) e incubada durante 24 horas a 37 °C. Não se regista qualquer alteração da cor. O aparecimento da cor branca do peixe de leite é um sinal da formação de nanopartículas de prata na mistura após 12 horas de incubação (Fig.3 (a)). A produção de nanopartículas é de cor castanha esbranquiçada

(Fig.3 (b)). Devido à excitação das vibrações plasmónicas superficiais das nanopartículas de prata, surge a cor castanha.

Figura.3: Biossíntese de nanopartículas de prata utilizando *Bacillus* sp. (a) com adição de sulfato de cádmio 12 horas de incubação (b) 24 horas de incubação.

Espectrofotómetro UV-Vis

A caraterização da nanopartícula de prata sintetizada foi feita principalmente por espetrofotómetro UV. Em diferentes intervalos de tempo, os espectros de UV-visível registados mostraram um aumento da absorvância com o aumento do tempo de incubação. A Fig. descreve os espectros de absorvância da mistura de reação contendo solução aquosa de nitrato de prata 1mM e o sobrenadante da cultura de *Bacillus sp.* após incubação. A intensidade da cor da colheita de células na fase estacionária foi estável e também máxima. A banda relacionada com a ressonância plasmónica de superfície situa-se entre 410 e 430 nm. O pico mais forte situa-se a 420 nm. O mecanismo exato para a síntese de NPs não foi visivelmente estabelecido, mas uma enzima redutase de nitrato dependente de NADH está envolvida no processo.

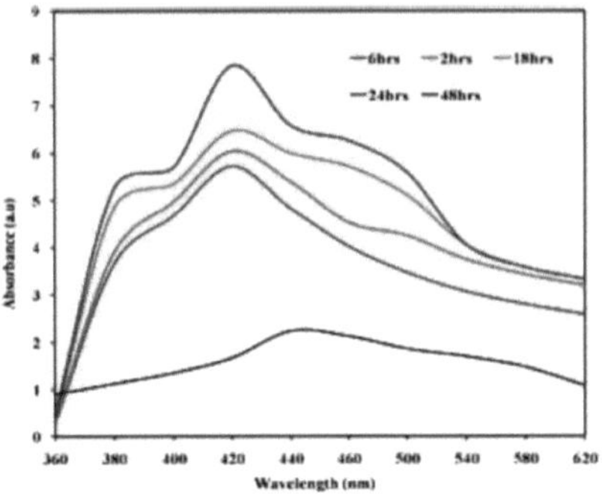

Figura. 4: Espectro UV-visível da biossíntese de NPs de prata utilizando *Bacillus sp.*

SEM com EDX

A forma das NPs de prata foi analisada utilizando o Microscópio Eletrónico de Varrimento. As imagens SEM da cultura bacteriana optimizada moderaram o pó de nanopartículas de prata com formas esféricas, pseudo-esféricas e algumas em formas determinadas com vestígios de aglomeração devido à combinação das moléculas biológicas com as NPs nas bactérias.

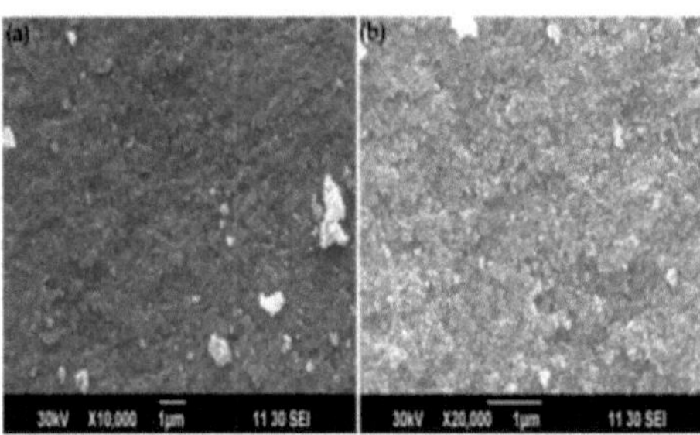

Figura.5: Imagens SEM das NPs de prata criadas pela reação de 1 mM de AgNO3 e caldo *de Bacillus sp.*

No espetro EDX das NPs de prata moderadas por bactérias, o pico mais forte detectado foi o da prata e os picos mais fracos detectados foram os do carbono e do oxigénio. Isto mostra que a biossíntese das NPs de prata é relativamente pura em termos de composição química. Este resultado está intimamente relacionado com os resultados do SEM.

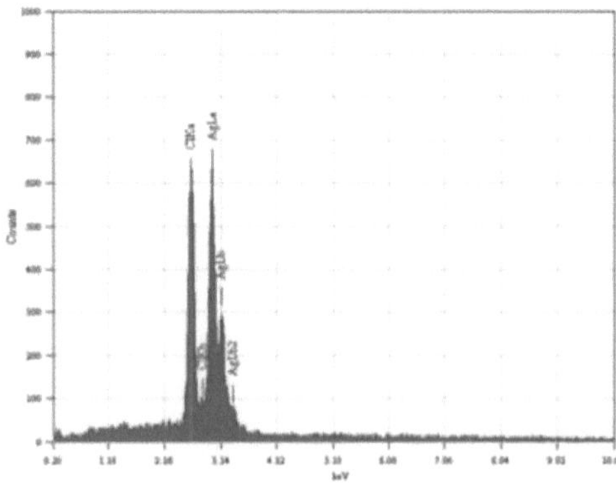

Figura.6: Imagens SEM das NPs de prata produzidas pela reação de 1 mM de AgNO3 e caldo *de Bacillus sp.*

Análise TEM

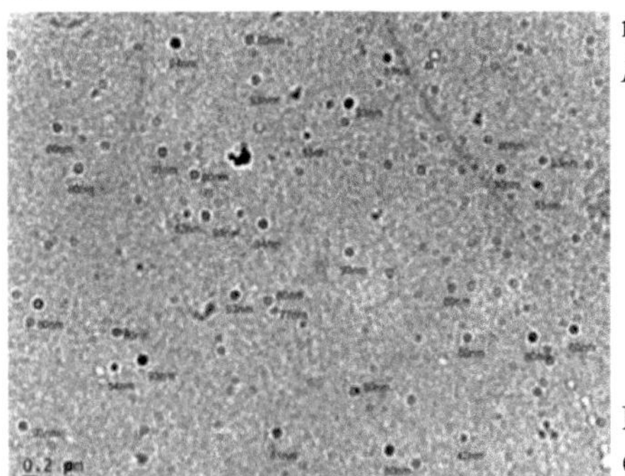

Figura. 7: Análise TEM das nanopartículas de prata sintetizadas por *Bacillus sp.*

Mecanismo

Capacidade das bactérias

A capacidade das bactérias para sobreviverem e se desenvolverem em circunstâncias desagradáveis pode dever-se a instrumentos particulares de resistência que incorporam bombas de efluxo, estruturas de efluxo de metais, inativação e complexação de metais, impermeabilidade a metais e ausência de estruturas particulares de transporte de metais, ajuste da solvência e da qualidade venenosa por alterações na condição redox das partículas de metal, precipitação extracelular de metais e volatilização de metais letais por respostas enzimáticas (Beveridge et al., 1997).

Por exemplo, *a Pseudomonas stutzeri* AG259, retirada de minas de prata, parece criar NPs de prata (Mohanpuria et al., 2008). Existem alguns casos de associações microrganismos-metal que são imperativas em aplicações biotecnológicas, incluindo os domínios da biomineralização, biorremediação, biolixiviação e formas de corrosão com influência microbiana (MIC).

3. Conhecido do MIC

A familiaridade dos procedimentos de CIM na estrutura de alterações restritas com intervenção microbiana na ciência da superfície do aço-carbono, aço inoxidável, combinações de cobre ou diferentes está a ser cada vez mais considerada (Angell et al., 1999). Os organismos microscópicos são igualmente mediadores nas respostas de precipitação de minerais, especificamente como impulsores de respostas de substâncias aquosas como sólidos geoquimicamente receptivos (Zierenberg et al., 1990) e demonstraram a capacidade de oxidar minerais (Harvey et al., 1997). Estes procedimentos são utilizados economicamente como parte de operações de filtragem bacteriana, **por exemplo**, o pré-tratamento de metais de ouro que contêm arsenopirite (FeAsS) (Harvey et al., 1997).

A redução microbiana de metais pode ser um sistema para a remediação in situ e ex situ de poluições e desperdícios de metais. Com o objetivo específico de descobrir a importância da combinação de nanopartículas e da redução de metais, da bio-recuperação de metais substanciais e da biorremediação de metais perigosos, os analistas investigaram os sistemas de síntese e biorredução de nanopartículas e centraram a sua atenção na diminuição de especialistas em micróbios (por exemplo, proteínas e catalisadores) e nas vias bioquímicas que provocam a diminuição das partículas metálicas.

Como resultado da parte básica destes especialistas, houve mais exames para compreender o papel e a utilização de estirpes bacterianas regulares e concebidas hereditariamente e de diferentes microrganismos na bioremediação de metais letais e de situações ligadas à terra baseadas em radionuclídeos. Além disso, estes microrganismos foram equipados para a preparação e imobilização de metais (Stephen et al., 1999) e, por vezes, os organismos microscópicos que podiam diminuir as partículas de metal demonstraram a capacidade de acelerar metais à escala nanométrica.

Estes estudos permitiriam verificar a probabilidade de os microrganismos concebidos hereditariamente expressarem átomos de redução específicos e criarem sistemas de mistura de nanopartículas microbianas, que podem controlar o tamanho, a forma, a solidez e o rendimento das NPs. Na verdade, os microrganismos concebidos hereditariamente começaram a ser criados de modo a produzir a descarga de proteínas e, consequentemente, a clarificar o especialista em redução mais plausível.

Por exemplo, Kang e os seus colaboradores (Kang et al., 2008) investigaram de forma interessante a metodologia deliberada para a combinação sintonizável de nanocristais semicondutores de CdS por *E. coli* concebida hereditariamente. Para investigar a plausibilidade da utilização de *E. coli* como biofábrica para a mistura controlada de nanocristais de CdS, foi criada uma estirpe com a capacidade de criar fitoquelatinas (PCs) através da comunicação da PC sintetase de *S. pombe* (SpPCS). As PCs servem como local de formato de acoplamento para as partículas metálicas e equilibram o centro dos nanocristais contra a acumulação.

Utilização de estirpes recombinantes

As estirpes recombinantes têm sido investigadas para desenvolver formas de vida mais produtivas na síntese in vivo de NPs. Por exemplo, foram utilizadas estirpes recombinantes de *E. coli* que comunicam a fitocelatina sintase de *Arabidopsisthaliana* (AtPCS) e a metalotioneína de *Pseudomonas putida* (PpMT) para a mistura de NPs de Cd, Se, Zn, Te, Cs, Sr, Fe, Co, Ni, Mn, Au, Ag Pr e Gd. A alteração dos agrupamentos das partículas metálicas fornecidas permitiu controlar a extensão das NPs metálicas. Foi considerado que a estrutura de *E. coli* concebida pode ser material para a mistura orgânica de NPs metálicas (Park et al., 2010). As estirpes mutantes de alguns organismos microscópicos utilizados para a união de NPs poderiam esclarecer os átomos necessários no procedimento de biorredução.

No caso de ocorrência de *Acidithiobacillus thiooxidans,* o ouro (I)-tiossulfato foi introduzido na célula de um thiooxidans como componente de um processo metabólico (Lengke et al., 2005). Este complexo de ouro foi inicialmente descomplexado em partículas de Au (I) e tiossulfato ($s_2o_3^{2-}$). O tiossulfato foi utilizado como fonte de vitalidade e o Au (I) foi aparentemente reduzido a ouro básico no interior das células bacterianas. Durante a fase de desenvolvimento estacionário tardio, as NPs de ouro que foram inicialmente aceleradas no interior das células foram descarregadas das células, provocando a disposição das partículas de ouro na superfície do telefone. Finalmente, as partículas de ouro no arranjo de massa foram desenvolvidas em fio de escala micrométrica e ouro octaédrico (Lengke et al., 2005).

De acordo com Lengke e Southam (Lengke et al., 2006), a precipitação do complexo ouro (I) - tiossulfato por microrganismos que reduzem o sulfato foi provocada por três componentes concebíveis: (a) desenvolvimento de sulfureto de ferro, (b) condições de redução confinadas, e (c) um procedimento metabólico.

Redução

No caso de *D. desulfuricans* e *E. coli,* a contenção fraccionada de hidrogenases periplasmáticas com Cu (II) demonstrou que estes compostos de metal redutase assumem um papel na redução de Au (III) (Deplanche et al., 2008). Lioyd e os seus colaboradores (Lioyd et al., 1998) inferiram que as hidrogenases periplasmáticas eram concebivelmente responsáveis pela redução de Pd (II) e reprimidas por Cu (II).

Além disso, a redução de Au (III) foi feita à vista de H2 (como contribuinte de electrões) utilizando microrganismos, por exemplo, *T. maritima, S. alga, D. vulgaris, G. ferrireducens, D. desulfuricans* e *E. coli. É* possível que as hidrogenases assumam um papel essencial na redução do Au (III) (Konishi et al., 2006); no entanto, são esperados mais exames para conhecer os instrumentos exactos destas reduções. Além disso, verificou-se que a hidrogenase está incluída na redução de $U+^6$ por *Micrococcus lactyliticus*, não obstante a redução de $Se+^6$ por *Clostridium pasteurianum* (Woolfolk et al., 1962). As hidrogenases dos microrganismos que diminuem o sulfato parecem estar aptas a diminuir o $Tc+^7$ e o $Cr+^6$ (Michel et al., 2001).

Num outro estudo, verificou-se que as hidrogenases separadas de organismos microscópicos fototróficos podiam diminuir o $Ni+^2$ para Ni^0 num ambiente H2 (Zadvorny et al., 2006). Matsunaga e os seus colaboradores (Matsunaga et al., 1998) indicaram que a qualidade MagA e a sua proteína (confinada de *Magnetospirillum sp.* AMB-1) eram necessárias para a disposição das nanopartículas biomagnéticas.

Os organismos microscópicos magnetotácticos (por exemplo, *M.magnetotacticum* e *M. gryphiswaldense)* contêm proteínas da película do magnetossoma (MM) que assumem um papel essencial na biomineralização da magnetite. Consequentemente, os analistas concentraram-se na identificação destas proteínas e nas suas qualidades. Estudos sub-atómicos tardios, incluindo a sucessão do genoma, a mutagénese, a expressão da qualidade e as investigações do proteoma, revelaram várias qualidades e proteínas que assumem partes básicas para a biomineralização de partículas atractivas bacterianas (Arakaki at el., 2008).

Moisescu e os seus colaboradores (Moisescu et al., 2008) concentraram-se na disposição da mistura e nos atributos microestruturais dos magnetossomas bacterianos retirados da estirpe bacteriana magnetotáctica *M. gryphiswaldense*. Eles relataram a criação de partículas de magnetita octaédrica com uma distância normal de $46 \pm 6{,}8$ nm.

As partículas apresentavam uma elevada virtude sintética (apenas Fe_3O_4) e as partes dominantes situam-se dentro da gama de áreas de atração única. Nos casos de *Rhodopseudomonas capsulata* e *Stenotrophomonas maltophilia,* os criadores confiaram que a substância química subordinada NADPH específica presente nas estirpes destacadas reduziu o Au^{+3} para Au^0 através de um sistema de transporte de electrões, levando à mistura de NPs monodispersas. Espera-se que um procedimento de duas fases reduza as partículas de ouro.

Na fase inicial, as partículas AuCfT são reduzidas a espécies Au+. Nessa altura, o último item é reduzido por NADHP a ouro metálico (Satomi et al., 2003).

Tamanho dos cristais magnéticos

Para controlar as morfologias e os tamanhos das NPs, houve alguns exames que se concentraram na utilização de proteínas. Estranhamente, a relação das proteínas com os totais esferoidais de nanocristais de sulfureto de zinco biogénico relatou que as proteínas extracelulares provenientes de microrganismos poderiam restringir as NPs biogénicas (Moreau et al., 2007).

O arranjo controlado de pedras preciosas de magnetite com tamanho formalmente vestido foi realizado sob a visão de Mms6 (uma pequena proteína ácida confinada de *Magnetospirillum magneticum* AMB-1) (Amemiya et al., 2007). O tamanho normal das pedras preciosas de magnetite combinadas à vista de Mms6 era de cerca de 20,2 + 4,0 nm. Seja como for, sem Mms6, as gemas de magnetite orquestradas tinham cerca de 32,4 + 9,1 nm.

Neste sentido, as gemas integradas com Mms6 eram mais pequenas do que as pedras preciosas criadas sem Mms6 e estavam disseminadas num alcance menor do que as gemas orquestradas sem a proteína. Além disso, a Mms6 promoveu o desenvolvimento de nanocristais superparamagnéticos, isomórficos e uniformes (Prozorov et al., 2007).

Com uma técnica bioinspirada, Prozorov e os seus colaboradores (Prozorov et al., 2007) comunicaram a utilização da proteína Mms6 recombinante para a união de nanocristais de $CoFe_2 O_4$ uniformes e caracterizados in vitro. Para criar nanoestruturas progressivas de $CoFe_2 O_4$, uma proteína Mms6 recombinante de comprimento total marcada com polihistidina e uma área C-terminal modificada desta proteína foram covalentemente anexadas a copolímeros tribloco (poloxâmeros).

No caso da *Klebsiella pneumoniae,* verificou-se que não foi observado qualquer arranjo de NPs de prata no sobrenadante quando a estratégia ocorreu inconscientemente. A depleção de luz visível pode essencialmente provocar a síntese de NPs. Parece que, para esta situação, a diminuição das partículas de prata se deveu principalmente aos transportes de conjugação com o investimento da redutase.

Desta forma, dá a ideia de que os químicos da nitroredutase relacionados com as células podem estar incluídos na fotorredução das partículas de prata (Mokhtari et al., 2009). Além disso, os sistemas de união de nanocristais de sulfureto de cádmio por células de *E. coli* foram clarificados através de testes de controlo (incubação de CdCl2 e Na_2S sem células bacterianas) que mostraram que os nanocristais não foram incorporados fora das células e depois enviados para as células (Sweeney et al., 2004).

Estes exames demonstraram que os nanocristais de CdS podiam ser misturados após o transporte de partículas de Cd^{2+} e S^{2-} para o interior das células. No caso do sulfureto de zinco (ZnS), as NPs podiam ser enquadradas intracelularmente através da técnica de fabrico orgânico recomendada por Bai e os seus colaboradores (Bai et al., 2006). Eles esclareceram que o sulfato de solvente se difundiu em pontos imobilizados e depois disso foi transportado para a camada interna da célula de *R. sphaeroides* incentivada pela permease de sulfato.

Aplicações
De carácter multidisciplinar

A nanotecnologia é um domínio de natureza multidisciplinar no que respeita a investigações e aplicações (Bankinter, 2006). Nas duas décadas mais recentes, as pesquisas sobre construção, ciências físicas, química natural e microscopia levaram a magníficos acréscimos de preocupação no retrato de partículas menores e suas ramificações promissoras em vários territórios da ciência dos materiais (Gupta et al., 2011). Melhorar os sistemas analíticos e de tratamento na ciência biomédica, foi concluída uma ampla exploração (Fadeel e Garcia-Bennett, 2010).

Nano-biomedicina

Os NMs discretos estão normalmente ligados à nanobiomedicina como etiquetas naturais fluorescentes (Chan e Nie, 1998; Tian et al., 2008) e intermediários para medicação e, adicionalmente, para a libertação de fármacos (Cui et al., 2007; Pantarotto et al., 2003). No entanto, também podem ser utilizados para a descoberta de agentes patogénicos (Edelstein et al., 2000), conceção de tecidos (Isla et al., 2003; Ma et al., 2003), destruição de tumores (Shinkai et al., 1999), alteração de contraste em (MRI) (Weissleder et al., 1990) e exames fagocinéticos (Parak et al., 2002).

Tabela. 6: Aplicações das NPs. De (NIOSH, 2009).

Nanoparticle		Applications
Ag	⇒	home appliances as antimicrobial agents
	⇒	clothing for odor resistance
TiO_2	⇒	paints and coating for antimicrobial properties
	⇒	cosmetics as a UV absorber
Carbon	⇒	consumer electronics
nanotubes (CNT)	⇒	sports equipment for light weight and durability
Fe_2O_3	⇒	contrast agent for targeted tumor imaging
Fullerenes	⇒	drug delivery
Fe	⇒	environmental remediation
Au	⇒	medical diagnostics

Incompreensível como antimicrobiano

Entre as várias NPs metálicas, as AgNPs têm sido amplamente consideradas (Kaler et al., 2011; Meenupriya et al., 2011; Prabhu e Poulose, 2012; Devi et al., 2012 e 2013). A sua utilização é excecionalmente incompreensível como antimicrobiano para materiais, interiores de automóveis, mobiliário, artigos de unidade familiar, por exemplo, toalhas, toalhetes, tecidos de cozinha, vestidos tranquilos, luvas e coberturas cirúrgicas reutilizáveis, pensos antibacterianos para ferimentos, linhas de cama e assim por diante. (Lee et al., 2007). Têm igualmente várias aplicações nos domínios dos dispositivos, da catálise e da terapêutica indicativa (Awade, 2010; Jin, 2012).

Biosensores

Do mesmo modo, as nanopartículas de ouro (AuNPs) são adicionalmente utilizadas para vários fins, por exemplo, como rótulos para biossensores, para a cura da hipertermia e estando equipadas para transportar biomoléculas estimadas em grande quantidade, dão intenções não perigosas à qualidade e libertação de medicamentos para os locais objectivos (Pissuwan et al., 2006; Ghosh et al., 2008).

As nanopartículas de platina (PtNPs) são utilizadas para o tratamento de várias doenças, por exemplo, problemas de crescimento e ansiedade oxidativa; além disso, são utilizadas como parte de dispositivos para o planeamento de um novo componente de memória (Govender et al., 2010).

Reparação ambiental

Os NMs oferecem o potencial para a expulsão produtiva de toxinas e contaminantes naturais da terra. NMs capacity as adsorbents and catalysts in different shapes, for example, nanoparticles, tubes, wires, filaments and so forth and their composites with polymers are utilized for the discovery and evacuation of gasses, for example, (SO_2, CO, NOx, and so on.), produtos químicos violados (nitrato, arsénio, ferro, metais substanciais, manganês, etc.), venenos naturais (hidrocarbonetos alifáticos e perfumados) e substâncias características, por exemplo, (parasitas, infecções, microorganismos e agentes anti-infecciosos). Devido à elevada região de superfície e à elevada reatividade, os NMs demonstram uma execução superior na remediação natural do que outros procedimentos regulares (Mya Khin 2012).

Para poderem viver num ambiente que contém grandes quantidades de metais, as formas de vida devem ter-se adaptado através do desenvolvimento de instrumentos para lidar com eles. Estes sistemas podem incluir a alteração da forma da poção do metal letal de modo a que este deixe de causar perigo, provocando o desenvolvimento de NPs do metal em causa.

4. Operações clínicas

Atualmente, nas operações clínicas, o sinal in vivo de NPs em capacidades úteis é uma ordem em desenvolvimento. No entanto, existem ainda algumas ambiguidades no que diz respeito à configuração e às ramificações das NMs, por exemplo, a sua farmacocinética, o transporte no corpo, a qualidade venenosa e a avaliação da segurança antes e depois da sua conjugação em métodos terapêuticos (Batista, 2009). Por conseguinte, a biossimilaridade destes MN ainda não é clara e estão em curso ensaios de planeamento distintos para manter uma distância considerada em relação a estes impactos prejudiciais. Até à data, devido à sua natureza não tóxica, as AuNPs são amplamente utilizadas como parte de operações de cura e imagiologia.

Apesar disso, é impraticável fabricar NMs que não sejam perigosas para todas as células vivas, uma vez que não existe um instrumento completo para este efeito, mas foram realizados alguns exames essenciais tendo em mente o objetivo final de as tornar mais biocompatíveis e atenuar os seus impactos citotóxicos tanto em condições in vitro como in vivo.

Resposta pretendida

A utilização da menor dosagem possível é normalmente considerada como uma resposta atractiva para os problemas de biocompatibilidade (Allahverdiyev et al., 2011). Além disso, a cobertura dos NMs é adicionalmente essencial, uma vez que uma embalagem quebrada, dividida ou dura pode desencadear uma reação segura, diminuindo assim a sua biodisponibilidade para os locais-alvo pretendidos (Bellucci, 2009).

Embora sejam metais dignos, os NMs desenvolveram-se como instrumentos promissores contra um destaque entre as doenças humanas mais difíceis, ou seja, o tumor, no entanto, o seu destino definitivo no corpo ainda não é claro com um objetivo final específico para interpretar o seu potencial útil geral (Conde et al., 2012).

Para a terapia do cancro

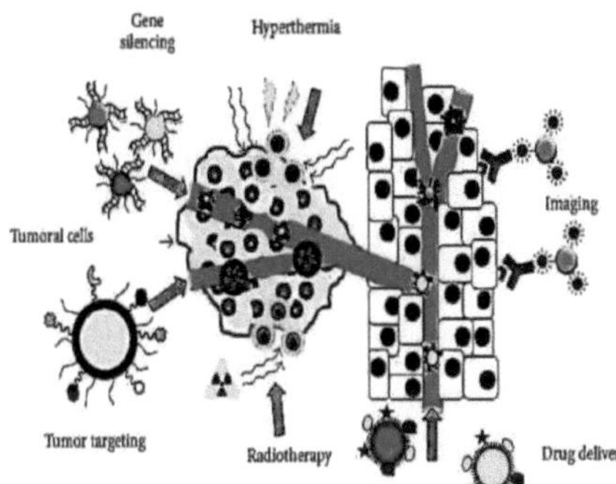

Figura.8: Aplicações de NPs de metais nobres na terapia do cancro (de Conde *et al.*, 2012).

Otimização e protocolos metódicos

A otimização pode reduzir-se à biossíntese melhorada de NPs. Protocolos metódicos podem ser usados para a liga de NPs decididamente definidas e bem caracterizadas imediatamente nos aspectos quininos, tais como tipos de organismos, oferta hereditária e genética de organismos, publicação incomparável para recolha de partição e atividade enzimática, emissão óptima de contra-ação e seleção do estado biocatalisador foram considerados. A morfologia da profundidade das NPs é confortável através da regulação das condições de reação prévias. A combinação à escala industrial de NPs metálicas na biomassa necessita de diversos processos, para além do encantamento da transmissão, da insusceptibilidade da transmissão para a biomassa, da colheita das células constituídas por NPs através da adição de iões metálicos às células, da quebra das células por classificação, da homogeneização das células para isolar as NPs produzidas, da estabilização das NPs, da formulação do produto e do controlo de qualidade.

Tabela 7: Aplicações das nanopartículas e sua toxicidade.

Nanoparticle	Applications	Toxicity	References
Titanium dioxide	Titanium nanoparticles have been applied in the pharmaceutical industry as drug delivery vehicles and in excipient formulations.	The composite material combines the high adsorption capability of apatite with the photocatalytic activity of titanium. Apatite coatings may thus become useful in the attenuation of the toxicological effects of inorganic metal oxide nanoparticles.	(Acosta-Torres et al., 2011; Driscoll et al., 1997; Salata et al., 2004; Contado et al., 2008; Guo et al., 2008; Sikong et al., 2010)
Iron oxide	Used in cellular therapy, such as cell labeling and targeting, and as a tool for cell biology research to separate and purify cell populations. Also used in: tissue repair; drug delivery; magnetic resonance imaging; hyperthermia; magnetofection.	No toxicity reported.	(Acosta-Torres et al., 2011; Arbab et al., 2003; Sanpo et al., 2013)
Silver	Used for covering urinary catheters, surgical instruments, and bone prostheses. Additionally, silver has been used in water and air filtration to eliminate microorganisms. AgNPs have been added to soft tissue	Exposure of metal-containing nanoparticles to human lung epithelial cells generates ROS, which can lead to oxidative stress and cellular damage (AgNPs). Silver nanowires resulted in the strongest cytotoxicity	(Limbach et al., 2007; Niño-Martínez et al., 2008; Ahn et al., 2009)

	Conditioners for prosthetic devices	and immunological responses, whereas spherical silver particles had negligible effects on cells when tested in human cells.	

5. CONCLUSÃO

As nanopartículas estão a ter uma grande quantidade de utilizações em diferentes campos como antimicrobianos, aditivos, tintas, biosensores e maquilhagem. A utilização de micróbios é a melhor forma de lidar com a criação de nanopartículas adequadas ao ambiente e aos custos. O avanço da união das nanopartículas através da geração melhorada do desenvolvimento da sociedade dará uma perspetiva decente para o fabrico mais extremo e é excecionalmente útil para as numerosas aplicações baseadas em nanopartículas. A utilização de organismos microscópicos oferece um método para criar "nanofábricas" para a geração de nanopartículas de forma essencial e razoável. É igualmente evidente que as NPs têm perspectivas extraordinárias numa vasta gama de actividades. O campo da criação orgânica de nanopartículas é moderadamente novo e pouco explorado; em todo o caso, demonstra um potencial espetacular na parte da biotecnologia.

PERSPECTIVAS FUTURAS

O trabalho de investigação previu claramente as capacidades de síntese de NPs das bactérias; no entanto, poderia ser melhorada no que diz respeito à taxa e à qualidade através da exploração de microrganismos competentes que são seguros e expressivos contra metais, fornecendo certas proteínas sinergistas activadas através de várias qualidades.

Avaliação e compreensão dos sistemas fundamentais em termos de biomoléculas necessárias para alterar e equilibrar as partículas metálicas em nanocompósitos.

Escolher as melhores bactérias, que têm a melhor taxa de crescimento e características para sintetizar NPs com formas específicas e mais pequenas.

Condições óptimas de reação e condições de crescimento celular; tudo isto pode ser melhorado através da síntese de mais biomassa.

Aumentar a escala dos métodos laboratoriais para a escala industrial, o que pode levar a uma síntese melhorada de NPs.

REFERÊNCIAS

Acosta-Torres LS, Lopez-Marin LM, Nunez-Anita RE, Hernandez-Padron G, Castano VM. (2011) Nanopartículas de óxido metálico biocompatíveis: melhoria nanotecnológica de resinas acrílicas protéticas convencionais./ *Nanomater;2011:941561.*

Ahn SJ, Lee SJ, Kook JK, Lim BS. (2009). Adesivos ortodônticos antimicrobianos experimentais usando nanofillers e nanopartículas de prata. *Dent Mater;*25(2):206-213.

Amemiya Y., Arakaki A., Staniland, S. S., Tanaka T., e Matsunaga T., (2007) "Formação controlada de cristais de magnetite por oxidação parcial de hidróxido ferroso na presença da proteína bacteriana magnetotáctica recombinante Mms6," *Biomaterials:* 28(35):5381-5389.

Angell, P., (1999), "Understanding microbially influenced corrosion as biofilm- mediated changes in surface chemistry," *CurrentOpinion in Biotechnology,* 10(3):269- 272.

Arakaki, A., Nakazawa, H., Nemoto, M., Mori, T.,e Matsunaga, T.,(2008). "Formação de magnetite por bactérias e sua aplicação", *Journal of the Royal Society Interface;* 5(26):977-999.

Arbab AS, Bashaw LA, Miller BR, et al. (2003). Caracterização das propriedades biofísicas e metabólicas de células marcadas com nanopartículas de óxido de ferro superparamagnético e agente de transfecção para imagiologia celular por RM. *Radiologia;*229(3):838-846.

Baesman, S. M., Bullen, T. D., Dewald, J., Zhang, D., Curran, S., Islam, F. S., Beveridge, T. J. e Oremland, R. S. (2007). Formação de nanocristais de telúrio durante o crescimento anaeróbio de bactérias que utilizam oxiânions Te como aceptores de electrões respiratórios. Appl. Environ. Microbiol. 73(7):2135-2143.

Bai H., Zhang Z., e Gong J., (2006). "Síntese biológica de nanopartículas semicondutoras de sulfeto de zinco por *Rhodobacter sphaeroidesf* imobilizado *Cartas de Biotecnologia;* 28(14):1135-1139.

Bai, H. J., Zhang, Z. M., Guo, Y. e Yang, G. E. (2009). Biossíntese de nanopartículas de sulfureto de cádmio por bactérias fotossintéticas *Rhodopseudomonas palustris.* Coll. Surf. B. Biointerf. 70(1):142-146.

Balaji, D. S., Basavaraja, S., Deshpande, R., Mahesh, D. B., Prabhakar, B. K. e Venkataraman, A. (2009). Biossíntese extracelular de nanopartículas de prata funcionalizadas por estirpes do *fungo Cladosporium cladosporioides.* Coll. Surf. B. 68:8892.

Ball, P. (2011). Células solares de nanopartículas fazem o trabalho da luz. Nat News. :

10.1038/2011.628

Bandara, J., Mielczarski, J. A. e Kiwi, J. (1999). Degradação fotossensibilizada de corantes azo em óxidos de Fe, Ti e Al. Mecanismo de transferência de carga durante a degradação. Langmuir.15 (22): 7680-7687.

Fundação Bankinter (2006). Nanotecnologia; A revolução industrial do século XXI.

Bansal, V., Poddar, P., Ahmad, A. e Sastry, M. (2006). Biossíntese a temperatura ambiente de nanopartículas ferroeléctricas de titanato de bário. J. Am. Chem. Soc. 128: 11958-11963.

Bazylinski, D. A., Frankel, R. B. e Jannasch, H. W. (1988). Produção anaeróbica de magnetite por uma bactéria marinha magnetotáctica. Nature. 334:518-519.

Bazylizinki, D. A., Heywood, B. R., Mann, S. e Frankel, R. B. (1993). Fe304 e FesS4 numa bactéria. Nature. 366:218.

Bellucci, S. (2009). Nanopartículas e nanodispositivos em aplicações biológicas. Notas de aula em Nanoscale. Sci. Technol. 4:1-198.

Beveridge, J. T., Hughes, M. N., Lee, H. et al., (1997) "Metal-microbe interactions: contemporary approaches," *Advances inMicrobialPhysiology,* (38):178-243.

Beveridge, T. J. e Murray, R. G. E. (1980). Locais de deposição de metais na parede celular de *Bacillus subtilis. J. Bacteriol.* 141(2):876-887.

Bharde, A., Wani, A., Shouche, Y., Joy, P. A., Prasad, B. L. V. e Sastry, M. (2005). Síntese aeróbica bacteriana de magnetite nanocristalina. J. Am. Chem. Soc. 127(26):9326-9327.

Bhattacharyya D, Singh S, Satnalika N, Khandelwal A, Jeon SH. et al., (2009). Nanotecnologia, grandes coisas de um mundo minúsculo: uma revisão. *Int J u- and e-Serv, Sci Technol.2(3):29-38.*

Bhawana, P. e Fulekar, M. H. (2012). Nanotecnologia: Tecnologias de remediação para limpar os poluentes ambientais. Res. J. Chem. Sci. 2(2):90-96.

Bhowmik D, Chiranjib, Chandira RM, Tripathi KK, Kumar, KPS.et al., 2010 Nanomedicine-an overview. *Jornal Internacional de Investigação Farmacêutica.2* (4):2143-2151.

Birla, S. S., Tiwari, V. V., Gade, A. K., Ingle, A. P., Yadav, A. P. e Rai, M. K. (2009). Fabrico de nanopartículas de prata por *Phoma glomerata* e o seu efeito combinado contra *Escherichia coli, Pseudomonas aeruginosa* e *Staphylococcus aureus.* Lett. Appl. Microbiol. 48(2):173-179.

Bokobza, L. e Zhang, J. (2012). Caracterização espectroscópica Raman de nanotubos de carbono de paredes múltiplas e de compósitos. eXPRESS Polymer Lett. 6(7):601-608.

Cai J, Kimura S, Wada M, Kuga S (2009) Celulose nanoporosa como suporte de nanopartículas metálicas. Bio-macromoléculas 10: 87-94.

Chaudhari PR, Masurkar SA, Shidore VB, Kamble SP. (2012) Atividade antimicrobiana de nanopartículas de prata sintetizadas extracelularmente utilizando espécies de *Lactobacillus obtidas a* partir da cápsula VIZYLAC. *Jornal de Ciências Farmacêuticas Aplicadas. ;2(3):25-29.*

Chen Y, Tuan H, Tien C, Lo W, Liang H, e Hu Y et al. (2009), "Augmented biosynthesis of cadmium sulfide nanoparticles by genetically engineered *Escherichia coli,*" *Biotechnology Progress,* 25(5)1260-1266.

Contado C, Pagnoni A. (2008). TiO2 em loção de proteção solar comercial: fracionamento fluxo-campo e ICP-AES em conjunto para análise de tamanho. *AnalChem;* 80(19):7594-7608.

Das V, Thomas R, Varghese R, Soniya EV, Mathew J, et al. (2014) Síntese extracelular de nanopartículas de prata pela estirpe *Bacillus* CS 11 isolada de uma área industrializada. 3 Biotech 4: 121-126.

Das V. L, Thomas .R, Varghese R. T, Soniya E. V, Mathew .J, Radhakrishnan E. R et al., (2014). Síntese extracelular de nanopartículas de prata pela cepa *Bacillus* CS 11 isolada de área industrializada. 3 Biotech 4:121-126 DOI 10.1007/s13205-013- 0130-8

Deplanche k., e Macaskie, v., (2008). "Biorrecuperação de ouro por *Escherichia coli* e *Desulfovibrio desulfuricansf BiotechnologyandBioengineering;* 99(5):1055-1064.

Driscoll TJ, Lawandy NM, Nouri M, Yoo D, Ronn AM. (1997 maio 18-23;) Conferenceon Lasers and Electro-Optics; Baltimore, MD, USA:Optical Society of America.

Eds. M.A., Stroscio, Dutta. M et al., (2002).Biological Nanostructures and Applications of Nanostructures in Biology: Electrical, Mechanical, and Optical Properties New York, Kluwer Academic Publisher.

Gerrard, T. L., Telford, J. N. e Williams, H. H. (1974). Deteção de depósitos de selénio em *Escherichia coli* por microscopia eletrónica. J. Bacteriol. 119(3): 1057-1060.

Guo Y, Zhou Y, Jia D, Meng Q. (2008). Fabrico e caraterização in vitro de revestimentos de apatite de hidroxicarbonato magnético com estruturas hierarquicamente porosas. *Ata Biomater;4(4):923-931.*

Guzman, M. G., Dille, J., e Godet, S. (2009). Síntese de nanopartículas de prata pelo método de redução química e sua atividade antibacteriana. Int. J. Chem. Biol. Eng. 2(3):104-111.

Harvey, P. I. e Crundwell, F. K., (1997), "Growth of *Thiobacillus ferrooxidans:* a novel experimental design for batch growthand bacterial leaching studies," *Applied and Environmental Microbiology,* 63(7):2586-2592.

Henglein, A. (1989). Investigação de partículas pequenas: Propriedades físico-químicas de partículas coloidais extremamente pequenas de metais e semicondutores. Chem. Rev. 89:1861-1873.

Herrmann, J. M. (2010). Fundamentos da fotocatálise revisitados para evitar vários equívocos. Appl. Cat. B: Env. 99: 461-468.

Hesse, E., Hefferan, T. E., Tarara, J. E., Haasper, C., Meller, R., Krettek, C., Lu, L., e Yaszemski, M. J. (2010). O hidrogel de colagénio tipo I permite a migração, a proliferação e a diferenciação osteogénica de células estromais da medula óssea de ratos. J. Biomed. Mater. Res. A. 94(2):442-449.

Hoffman, M. R., Martin, S. T., Choi, W. e Bahnemann, D. W. (1995). Environmental applications of semiconductor photocatalysis (Aplicações ambientais da fotocatálise de semicondutores). Chem. Rev. 95: 69-96.

Hofmann, H. (2011). Nanomateriais; Introdução e Aglomerado de Átomos. Versão 2.0 09.2011.

Holmes, J. D., Richardson, D. J., Saed, S., Gowing, R. E., Russell, D. A. e Sodeau, J. R. (1997). Formação específica de cádmio de "partícula Q" de sulfeto metálico por *Klebsiella pneumoniae.* Microbiol. 143:2521-2530.

Holmes, J. D., Smith, P. R., Gowing, R. E., Richardson, D. J., Russell, D. A. e Sodeau J. R. (1995). Análise de raios X por dispersão de energia dos cristalitos extracelulares de sulfureto de cádmio de *Klebsiella aerogenes.* Arch. Microbiol. 163(2):143-147.

Hosseinkhani, B., Sobjerg, L. S., Rotaru, A. E., Emtiazi, G., Skrydstrup, T. e Meyer, R. L. (2012). Síntese Microbialmente Suportada de Nanopartículas Bimetálicas Pd-Au Cataliticamente Activas. Biotechnol. Bioeng. 109(1):45-52.

Hu, T. L. e Wu, S. C. (2001). Avaliação do efeito do corante azo RP2B no crescimento de uma *cianobactéria* fixadora de azoto - *Anabaena* sp. Biores. Technol. 77: 93-95.

Ingle, A., Gade, A., Pierrat, S., Sonnichsen, C. e Rai, M. K. (2008). Micossíntese de nanopartículas de prata utilizando o fungo *Fusarium acuminatum* e a sua atividade contra algumas bactérias patogénicas humanas. Curr. Nanosci. 4:141-144.

Iravani S e Zolfaghari B, et al, (2013) "Green synthesis of silver nanoparticles using *Pinus eldarica* bark extract," *Biomed Research International,* 639725(5).

Jadhav, J. P., Kalyani, D. C., Telke, A. A., Phugare, S. S., Govindwar, S. P. (2010). Avaliação da eficácia de um consórcio bacteriano para a remoção de cor, redução de metais pesados e toxicidade de efluentes de corantes têxteis. Biores. technol. 101: 165-173.

Kalimuthu K, Suresh B R, Venkataraman D, Bilal M, Gurunathan S (2008) Biossíntese de nanocristais de prata por Bacillus licheniformis. Colloids Surf B Biointerfaces 65: 150-153.

Kalishwaralal, K., Deepak, V., Ramkumarpandian, S., Nellaiah, H. e Sangiliyandi, G. (2008). Biossíntese extracelular de nanopartículas de prata pelo sobrenadante de cultura de *Bacillus licheniformis*. Mat. Lett. 62(29):4411-4413

Kang, S. H., Bozhilov, K.N., Myung, N. V., Mulchandani, A. e Chen, W.,(2008). "Microbial synthesis of CdS nanocrystals in genetically engineered *E. coli*" *Angewandte Chemie-InternationalEdition,* 47(28)5186-5189.

Kasthuri J, Kathiravan K, Rajendiran N (2008) Biossíntese de nanopartículas de prata e ouro assistida por filantina: uma nova abordagem biológica. Journal of Nanoparticle Research 11: 1075-1085.

Kollef MH, Golan Y, Micek ST, Shorr AF, Restrepo MI. et al., (2011). Avaliação das estratégias contemporâneas de combate às infecções bacterianas gram-negativas multirresistentes - actas e dados da Cimeira da Resistência Gram-Negativa;53(2):S33-S55;56.

Konishi, Y., sukiyama T., Ohno, K., Saitoh, N., Nomura, T., e Nagamine, S., rt al., (2006). "Recuperação intracelular de ouro por redução microbiana de iões $AuCl^{-4}$ utilizando a bactéria anaeróbia Shewanella algae," *Hydrometallurgy;* 81(1):24-29.

Kumar V, Yadav SK. et al.,(2009) Plant-mediated synthesis of silver and gold nanoparticles and their applications. *J Chem Technol Biotechnol*;84(2):151-157.

Lee, H., Purdon A. M., Chu, V. e Westervelt, R. M. (2004). Montagem controlada de nanopartículas magnéticas de bactérias magnetotácticas utilizando matrizes de microelectromagnetes. Nano. Lett. 4:995-998.

Lengke M., e Southam, G., (2006), "Bioacumulação de ouro por bactérias redutoras de sulfato cultivadas na presença de ouro (I)- complexo de tiossulfato," *Geochimica et Cosmochimica Ata;* 70(14): 3646-3661.

Lengke, M. F., e Southam G., "The effect of thiosulfate oxidizing bacteria on the stability of the gold-thiosulfate complex," *Geochimica et Cosmochimica Ata* ; 69(15):

Limbach LK, Wick P, Manser P, Grass RN, Bruinink A, Stark WJ. (2007). Exposição de nanopartículas artificiais a células epiteliais do pulmão humano: influência da composição química e da atividade catalítica no stress oxidativo. Environ *Sci Technol...*;41(11):4158-4163

Lloyd, J. R., Yong, P., e Macaskie, L. E., (1998). "Recuperação enzimática de paládio elementar através da utilização de bactérias redutoras de sulfato", *Applied and Environmental Microbiology;* 64(11):4607-4609.

Mahanty A, Bosu R, Panda P, Netam SP, e Sarkar B. et al., (2013). "Síntese combinatória rápida assistida por micro-ondas de nanopartículas de prata usando sobrenadante de cultura de *E. coli*", *InternationalJournal of Pharma and Bio Sciences,* 4 (2): 1030-1035.

Manivasagan P, Venkatesan J, Senthilkumar K, Sivakumar K, e Kim S, et al, (2013) "Biossíntese, efeito antimicrobiano e citotóxico de nanopartículas de prata utilizando uma nova *Nocardiopsis* sp. MBRC-1," *BioMed Research International,* 287638-9

Matsunaga. T e Takeyama H., (1998). "Biomagnetic nanoparticle formation and application," *Supramolecular Science,* 5(3-4):391-394.

Michel, C., Brugna, M., Aubert, C., Bernadac, A., e Bruschi, M., (2001) "Enzymatic reduction of chromate: comparative studies using sulfate-reducing bacteria: key role of polyheme cytochromes c and hydrogenases," *Applied Microbiology and Biotechnology;* 55(1):95-100.

Mohanpuria, P., Rana, N. K., e Yadav, S. K., et al., (2008) "Biosynthesis of nanoparticles: technological concepts and future applications," *Journal of Nanoparticle,* 10(3):507-517.

Moisescu, C., Bonneville, S., Tobler, D., Ardelean, I., e Benning L. G., (2008). "Biomineralização controlada de magnetite (Fe3O4) *por Magnetospirillum gryphiswaldense,*" *Mineralogical Magazine,* 72(1):333-336.

Mokhtari N., Daneshpajouh S., Seyedbagheri S., et al., (2009). "Síntese biológica de nanopartículas de prata muito pequenas por sobrenadante de cultura de *Klebsiella pneumonia:* os efeitos da irradiação de luz visível e do processo de mistura de líquidos," *Materials ResearchBulletin;* 44(6):1415-1421.

Moreau, J. W., Weber, P. K., Martin, M. C., e Banfield, J. F., (2007). "As proteínas extracelulares limitam a dispersão de nanopartículas biogénicas,"; 316(5831):1600-1603.

Mukherjee P, Ahmad A, Mandal D, Senapati S, Sainkar SR, et al. (2001) Bioredução de iões AuCl(4)(-) pelo fungo *Verticillium sp.* e aprisionamento na superfície das nanopartículas de ouro formadas D.M. e S.S. agradecem ao Conselho de Investigação Científica e Industrial (CSIR), Governo da Índia, pela ajuda financeira. Angew Chem Int Ed Engl 40: 3585-3588.

Mullen M.D, Wolf D.C, Ferris F.G, Beveridge T.G, Flemming C.A, e Bailey G.W, et al. (1989) "Bacterial sorption of heavy metals," *Applied and Environmental Microbiology,* 55(12)3143-3149.

Naqvi S.Z.H, Kiran .U, Ali. M. I, Jamal. A, Ahmed .S, Hameed .S, Ali .N, (2013) Eficácia combinada de nanopartículas de prata sintetizadas biologicamente e diferentes antibióticos contra bactérias multirresistentes, *International journal of nanomedicene*.

Narayanan KB, Sakthivel N (2010) Síntese biológica de nanopartículas metálicas por micróbios. Adv Colloid Interface Sci 156: 1-13.

Nino-Martinez N, Martinez-Castanon GA, Aragon-Pina A, Martinez-Gutierrez F, Martinez-Mendoza JR, Ruiz F. (2003). Caracterização de nanopartículas de prata sintetizadas em *partículas* finas de dióxido de titânio.*Nanotecnologia*. ;19(6):065711.

Nogi Y, Kato C eHorikoshi K et al. 1998. "Taxonomic studies of deep sea barophilic Shewanella strains and description of *Shewanellaviolacea* sp. nov.," *Archives of Microbiology*,170(5)331-338.

Ohde, M., Ohde, H. e Wai, C. M. (2005). Reciclagem de nanopartículas estabilizadas em microemulsões de água-em-CO2 para hidrogenações catalíticas. Langmuir. 21:1738-1744.

Oliveira, M., Ugarte, D., Zanchet, D. e Zarbin, A. (2005). Influência de parâmetros sintéticos no tamanho, estrutura e estabilidade de nanopartículas de prata estabilizadas com dodecanotiol. J. Coll. Interf. Sci. 292:429-435.

Oremland, R. S., Herbel, M. J., Blum, J. S., Langley, S., Beveridge, T. J., Ajayan, P. M., Sutto, T. e Curran, S. (2004). Características Estruturais e Espectrais das Nanoesferas de Selénio Produzidas por Bactérias que Respiram Se. Appl. Environ. Microbiol. 70(1):52-60.

Panacek, A., Kvitek, L., Prucek, R., Kolar, M., Vecerova, R., Pizurova, N., Sharma, V. K., Nevecna, T. e Zboril, R. (2006) Silver colloid nanoparticles: synthesis, characterization, and their antibacterial activity. J. Phys. Chem. B. 110(33):16248-53.

Pandey, S., Oza, G., Mewada, A. e Sharon, M. (2012). Síntese verde de nanopartículas de ouro altamente estáveis usando *Momordica charantia* como Nano fabricator. Arch. Appl. Sci. Res. 4(2):1135-1141.

Panigrahi, S., Kundu, S., Ghosh, S. K., Nath, S., Praharaj, S., Soumen, B. e Pal, T. (2006). Síntese selectiva one-pot de nanobastões de cobre em condições sem surfactantes. Polyhydron. 25(5):1263-1269.

Pantidos e Horsfall, J Nanomed Nanotechnol (2014), Biological Synthesis of Metallic Nanoparticles by Bacteria, Fungi and Plants School of Biological Sciences, University of Edinburgh, Edinburgh, UK, 5:5.

Park Y, Hong YN, Weyers A, Kim YS, Linhardt RJ (2011) Polissacáridos e fitoquímicos: um reservatório natural para a síntese ecológica de nanopartículas de ouro e prata. IET Nanobiotechnol 5: 69-78.

Park, T. J., Lee, S. Y., Heo, N. S. e Seo, T. S., et al., (2010). "Síntese in vivo de nanopartículas de diversemetal por *Escherichia coli* recombinante," *Angewandte Chemie- International Edition;* 49(39):7019-7024.

Priyadarshini S, Gopinath V, Meera Priyadharsshini N, Mubarak Ali D, e Velusamy P. et al., (2013). "Síntese de nanopartículas de prata anisotrópicas usando nova cepa, *Bacillus flexus* e sua aplicação biomédica", *Colloids and Surfaces B: Biointerfaces,* (102) 232-237.

Prozorov T, Mallapragada S. K., Narasimhan. B et al., (2007). "Síntese mediada por proteínas de nanocristais superparamagnéticos uniformes de magnetite", *Advanced Functional Materials:* 17(6):951-957.

Prozorov T., Palo P., Wang L., et al., (2007), "Cobalt ferrite nanocrystals: outperforming magnetotactic bacteria," *ACS Nano;* 1(3):228-233.

Rai, L. C., Gaur, J. P. e Kumar, H. D. (1981). Phycology and heavy-metal pollution. Bio. Rev. 56(2): 99-151.

Rai, M., Yadav, A., Gade, A. (2009). Silver nanoparticles as a new generation of antimicrobials. Biotech. Adv. 27:76-83.

Raj, S., Jose, S., Sumod, U. S. e Sabitha, M. (2012). Nanotecnologia em cosméticos: Opportunities and challenges. J. Pharm. Bioallied. Sci. 4(3): 186-93. doi: 10.4103/0975-7406.99016.

Raveendran P, Fu J, Wallen SL (2003) Síntese completamente "verde" e estabilização de nanopartículas metálicas. J Am Chem Soc 125: 13940-13941.

Salata O. (2004). Aplicações de nanopartículas em biologia e medicina. *J Nanobiotechnology;2(1):3.*

Sanpo N, Wen C, Berndt CC, Wang J. (2013). Propriedades antibacterianas de nanopartículas de spinelferrite. In: Mendez A, editor. Patógenos microbianos e estratégias para combatê-los: ciência, tecnologia e educação.Espanha: Centro de Investigação Formatex.:239-250.

Saravanan M, Vemu AK, Barik SK (2011) Biossíntese rápida de nanopartículas de prata a partir de *Bacillus megaterium* (NCIM 2326) e sua atividade antibacteriana em agentes patogénicos clínicos multirresistentes. Coll Surf B 88:325-331

Satomi M., Oikawa H., and Yano Y., (2003) *"Shewanella marinintestina* sp. nov., *Shewanella schlegeliana* sp. nov. *andShewanella sairae* sp. nov., novel eicosapentaenic-acid-producing marine bacteriasolated from seaa-animal intestines," *International Journal of Systematic and Evolutionary Microbiology;* 53(2):491- 499.

Shahverdi AR, Minaeian S, Shahverdi HR, Jamalifar H, Nohi AA (2007) Síntese rápida de nanopartículas de prata utilizando sobrenadantes de cultura de *Enterobactérias:* Uma nova abordagem biológica. Process Biochemistry 42: 919-923.

Sikong L, Kooptarnond K, Niyomwas S, Damchan J. (2010). Fotoactividade e propriedade hidrofílica de filmes de nanocompósitos de TiO2 co-dopados com SiO2 e SnO2. *Songklanakarin Journal of Science & Technology;32(4):413-418.*

Sintubin L, Windt W, Dick J, Mast J, van der Ha D, et al. (2009) Bactérias do ácido lático como agente redutor e de cobertura para a produção rápida e eficiente de nanopartículas de prata. Appl Microbiol Biotechnol 84: 741-749.

Stephen, J. R. e Macnaughton, S. J. (1999). "Developments in terrestrial bacterial remediation of metals," *Current Opinion inBiotechnology,10(3):230-233.*

Sunkar S e Nachiyar CV, et al. (2012) , "Biogénese de nanopartículas de prata antibacterianas utilizando a bactéria endofítica *Bacillus cereus* isolada de *Garcinia xanthochymus,*" *Asian Pacific Journal ofTropical Biomedicine*; 2(12)953-959.

Sweeney R. Y., Mao C., Gao X et al., (2004). "Biossíntese bacteriana de nanocristais de sulfureto de cádmio", *Química e Biologia;* 11(11): 1553-1559.

Taccola, L., Raffa, V., Riggio, C., Vittorio, O., Iorio, M. C., Vanacore, R., Pietrabissa, A. e Cuschieri, A. (2011). Nanopartículas de óxido de zinco como assassinos selectivos de células em proliferação. Int. J. Nanomed. 6:1129-1140.

Tai, C., Wang, Y. H. e Liu, H. S. (2008). Um processo ecológico para a preparação de nanopartículas de prata utilizando um reator de disco rotativo. AIChE J. 54(2):445-452.

Tang, W. Z. e An, H. (1995). Oxidação fotocatalítica UV-TiO2 de corantes comerciais em soluções aquosas. Chemosph. 31: 4157-4170.

Tanori, J. e Pileni, M. P. (1997). Controlo da forma de partículas metálicas de cobre

utilizando um sistema coloidal como modelo. Langmuir. 13:639-646.

Veglio F, Beolchini F, Gasbarro A. (1997). Biosorção de metais pesados tóxicos: um estudo de equilíbrio utilizando células livres de *Arthrobacter* spp. Process Biochem. 32:99-105.

Venu, R., Ramulu, T. S., Anandakumar, S., Rani, V. S. e Kim, C. G. (2011). Síntese biodireccionada de nanopartículas de platina utilizando soluções aquosas de mel e suas aplicações catalíticas. Coll. Surf. A: Physicochem. Eng. Aspec. 384(1): 733-738.

Watanabe, Y. (2006). Formação e comportamento de nano/micro-partículas em plasmas de baixa pressão: 39(19):329.

Watson, J. H. P., Ellwood, D. C., Soper, A. K., Charnock, J. (1999). Materiais nanométricos de sulfureto de ferro fortemente magnéticos produzidos por bactérias. J.

Magn. Magn. Mater. 203(1-3):69-72.

Wei X, Luo M, Li W, Yang L, Liang X, Xu L, Kong P, Liu H (2012) Síntese de nanopartículas de prata por irradiação solar de extractos de Bacillus amyloliquefaciens sem células e AgNO3. Bioresour Technol 103:273-278

Weir, E., Lawlor, A., Whelan, A. e Regan, F. (2008). A utilização de nanopartículas em materiais antimicrobianos e a sua caraterização. Anal. 133:835-845.

Woolfolk C. A., e Whiteley, H. R. et al., (1962). "Redução de compostos inorgânicos com hidrogénio molecular por *Micrococcus lactilyticus*. I. Estequiometria com compostos de arsénio, selénio, telúrio, elementos de transição e outros", *Journal of bacteriology;* (84):647-658.

Yonezawa, T. e Toshima, N. (1995). Consideração mecanicista da formação de aglomerados bimetálicos nanoscópicos protegidos por polímeros. J. Chem. Soc. Faraday Trans. 91(22):4111-4119.

Yong, P., Rowson, N. A., Farr, J. P., Harris, I. R. e Macaskie, L. E. (2002). Bioredução e biocristalização de paládio por *Desulfovibrio desulfuricans*. Biotechnol. Bioeng. 80(4):369-79.

Yuan, Q., Hein, S. e Misra, R. D. K. (2010). Nova geração de pontos quânticos de ZnO encapsulados em quitosana carregados com fármaco: síntese, caraterização e resposta de entrega de fármaco in vitro. Ata Biomater. 6:2732-2739.

Zadvorny, O. A., Zorin, et al., N. A., e Gogotov, I. N., (2006). "Transformação de metais e iões metálicos por hidrogenases de bactérias fototróficas", *Archives of Microbiology;* 184(5):279-285.

Zhou, G. e Wang, W. (2012). Síntese de Nanopartículas de Prata e sua Antiproliferação contra Células de Câncer de Pulmão Humano In vitro. Orient. J. Chem. 28(2):651-655.

Zierenberg, R. A., e Schiffman, P., et al., (1990), "Microbial control of silver mineralization at a sea-floor hydrothermal site on the northern Gorda Ridge," 348(6297):155-157.

Printed by Books on Demand GmbH, Norderstedt / Germany